以人为本
防患未然

全民应急避险科普丛书

QUANMIN YINGJI BIXIAN KEPU CONGSHU

U0250727

地质灾害防御
及应急避险指南

● DIZHI ZAIHAI FANGYU

JI YINGJI BIXIAN ZHINAN ●

中国安全生产科学研究院　组织编写

这几天雨下得太大了……

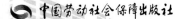

中国劳动社会保障出版社

图书在版编目（CIP）数据

地质灾害防御及应急避险指南/中国安全生产科学研究院组织编写. -- 北京：中国劳动社会保障出版社，2022
（全民应急避险科普丛书）
ISBN 978-7-5167-5397-2

Ⅰ. ①地… Ⅱ. ①中… Ⅲ. ①地质灾害 - 灾害防治 - 指南 Ⅳ. ①P694-62

中国版本图书馆 CIP 数据核字（2022）第 152779 号

中国劳动社会保障出版社出版发行
（北京市惠新东街 1 号　邮政编码：100029）

*

北京市艺辉印刷有限公司印刷装订　　新华书店经销

787 毫米 × 1092 毫米　32 开本　2.375 印张　50 千字
2022 年 9 月第 1 版　　2023 年 9 月第 2 次印刷
定价：**15.00 元**

营销中心电话：400-606-6496
出版社网址：http://www.class.com.cn

编 委 会

前　言

　　我国幅员辽阔，由于受复杂的自然地理环境和气候条件的影响，一直是世界上自然灾害非常严重的国家之一，灾害种类多、分布地域广、发生频次高、造成损失重。同时，我国各类事故隐患和安全风险交织叠加。在我国经济社会快速发展的同时，事故灾难等突发事件给人们的生命财产带来巨大损失。

　　党的十八大以来，以习近平同志为核心的党中央高度重视应急管理工作，习近平总书记对应急管理工作作出了一系列重要指示，为做好新时代公共安全与应急管理工作提供了行动指南。2018 年 3 月，第十三届全国人民代表大会第一次会议批准的国务院机构改革方案提出组建中华人民共和国应急管理部。2019 年 11 月，习近平总书记在中央政治局第十九次集体学习时强调，要着力做好重特大突发事件应对准备工作。既要有防范风险的先手，也要有应对和化解风险挑战的高招；既要打好防范和抵御风险的有准备之战，也要打好化险为夷、转危为机的战略主动战。因此，做好安全应急避险科普工作，既是一项迫切的工作，又是一项长期的任务。

面向全民普及安全应急避险和自护自救等知识，强化安全意识，提升安全素质，切实提高公众应对突发事件的应急避险能力，是全社会的责任。为此，中国安全生产科学研究院组织相关专家策划编写了《全民应急避险科普丛书》（共12分册），这套丛书坚持实际、实用、实效的原则，内容通俗易懂、形式生动活泼，具有针对性和实用性，力求成为全民安全应急避险的"科学指南"。

我们坚信，通过全社会的共同努力和通力配合，向全民宣传普及安全应急避险知识和应对突发事件的科学有效的方法，全民的应急意识和避险能力必将逐步提高，人民的生命财产安全必将得到有效保护，人民群众的获得感、幸福感、安全感必将不断增强。

该丛书利用图文并茂的方式，向全民宣传普及安全应急知识和应对突发事件的科学有效的方法，系统认知重大自然灾害和安全生产事故过程，汲取工作经验和教训，提升全民应急意识，提升防灾减灾救灾能力。

由于编者能力和水平所限，书中难免有不当之处，恳请广大读者给予批评指正。

编者

2020 年 8 月

目　录

Mulu

一、我国地质灾害基本情况

Woguo Dizhi Zaihai Jiben Qingkuang

我国地质灾害基本情况

1. 我国地质灾害的现状
2. 我国地质灾害的特点
3. 我国地质灾害的分布情况

2003 年 11 月 24 日国务院发布的《地质灾害防治条例》(国务院令第 394 号)规定，地质灾害包括自然因素或者人为活动引发的危害人民生命和财产安全的山体崩塌、滑坡、泥石流、地面塌陷、地裂缝、地面沉降等与地质作用有关的灾害。从地球表层环境变化来看，地震灾害属于地质环境灾害范畴，但考虑其发生的特殊性和巨大的危害性，地震灾害研究已自成体系，且国家已出台《防震减灾法》，对地震灾害的防御和减轻有了明确的规定，因此，本书未涉及地震灾害的内容。

1. 我国地质灾害的现状

由于独特的地形条件和复杂的地质构造，我国是世界上地质灾害非常严重的国家之一。据有关数据统计，滑坡、山体崩塌、泥石流和地面塌陷是我国发生频率较高的灾害类型，这 4 种灾害分布范围广，较多分布于中南地区和西南地区，并多发于夏季。地质灾害所造成的人员伤亡和经济损失具有地区差异性。

（1）灾害数量。2005—2021 年，我国共发生地质灾害 319 171 起，其中，滑坡 228 357 起，占比 71.5%；山体崩塌 65 197 起，占比 20.4%；泥石流 14 606 起，占比

4%；地面塌陷5 247起，占比1.7%；其他地质灾害（地裂缝和地面沉降）5 764起，占比1.8%，灾害的基本情况如图1~图4所示。

（2）人员伤亡和经济损失情况。2005—2021年，我国地质灾害共造成人员死亡7 879人，直接经济损失705.16亿元，如图3所示。

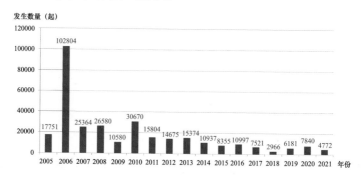

图1　2005—2021年我国地质灾害发生数量统计图

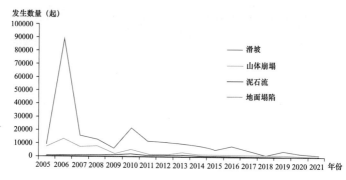

图2　2005—2021年我国主要地质灾害发生数量统计图

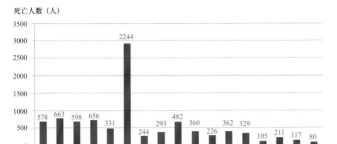

图 3 2005—2021 年我国地质灾害造成的年死亡人数统计图

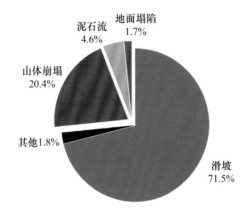

图 4 2005—2021 年我国主要地质灾害类型占比图

2. 我国地质灾害的特点

（1）灾害隐患点多

我国丘陵、山地、高原约占陆域面积的 2/3，地势高差大，西高东低呈阶梯状分布，共有地质灾害隐患点 28.8 万处，严重制约灾害多发地区的经济发展，威胁人民的生命财产安全。

（2）易发区面积广

我国地质灾害易发区的总面积约 738 万平方千米，占陆域面积的 76.9%。其中高易发区 121 万平方千米，占易发区面积的 16.4%；中易发区 288 万平方千米，占易发区面积的 39.0%；低易发区 329 万平方千米，占易发区面积的 44.6%。

（3）地区差异性分布

地质灾害分布最集中、发生概率最高的地区是中南地区和西南地区。而在类型分布方面，整体上呈现出"西群东单"的特点，即西部地区的地质灾害呈现群发性的特点，东部地区的地质灾害呈现单一性的特点。

同时，地质灾害造成的危害具有地区差异性，西南地区因滑坡等地质灾害造成的人员伤亡最多，其次是中南地区；经济损失最严重的地区是西北地区和西南地区。

（4）危害性大

2005—2021年，我国年均发生地质灾害将近2万起，因地质灾害造成的年均死亡人数460余人，年均直接经济损失40亿元左右。

我国地质灾害的特点为：灾害隐患点多、易发区面积广、地区差异性分布，以及危害性大等。

3. 我国地质灾害的分布情况

（1）时间分布情况

在我国，滑坡、山体崩塌、泥石流等地质灾害高发期为5—9月，这种时间分布主要是受东南季风和西南季风的影响，我国雨带的移动具有明显的季节性，大部分地区降水集中在夏季和秋季，汛期在5—9月，所以我国地质灾害主要发生在5—9月，其中7月和8月最为突出。

（2）空间区域分布情况

我国地质灾害在空间分布上具有广域性和地域性并存的特征，整体上呈现出"南多北少，中南西南频繁"的分布规律。

通过对我国2013—2018年地质灾害发生数据进行统计与分析，我国地质灾害的地区差异特征为：华北地区以山体崩塌、滑坡和地面塌陷为主要类型；东北地区以泥石流为主要类型，其次为山体崩塌；华东地区和中南地区以滑坡和山体崩塌为主；西南地区和西北地区均以山体崩塌、滑坡和泥石流为主要类型，见表1。

表 1   2013—2018 年各地区地质灾害类型占比统计表

地区	滑坡	山体崩塌	泥石流	地面塌陷
华北地区	34%	51%	5%	10%
东北地区	15%	30%	50%	5%
华东地区	60%	34%	4%	2%
中南地区	66%	28%	2%	4%
西南地区	39%	42%	18%	1%
西北地区	27%	56%	15%	2%

二、主要地质灾害常识

Zhuyao Dizhi Zaihai Changshi

主要地质灾害常识

1. 滑坡
2. 泥石流
3. 山体崩塌
4. 地面塌陷

1. 滑坡

（1）滑坡的概念与特点

滑坡（在农村也俗称"地滑""走山""垮山"等）是指斜坡上不稳定的岩土体由于某种原因在重力作用下沿一定软弱面（或滑动面）整体向下滑动的物理地质现象，一般由降雨、河流冲刷、融雪、地震等自然因素引起。近年来，因斜坡前缘切坡、后缘弃土加载、庄稼灌溉等人为工程活动引发的滑坡明显增加。2005—2021年，我国共发生滑坡灾害228 357起，主要发生在我国的华东地区与中南地区。滑坡的特点是顺坡滑动，而泥石流的特点是沿沟流动。

（2）滑坡发生原因

发生滑坡的根本原因是具有松散土层、碎石土、风化壳和半成岩土层的斜坡抗剪强度低，容易产生变形面下滑。由于岩石的抗剪强度较大，能够经受较大的剪切力而不易变形滑动。如果岩体中存在着滑动面，特别是在暴雨之后，由于雨水对滑动面的浸泡，使其抗剪强度大幅度下降，则易发生滑动。发生滑坡的原因，既有自然因素，也有人为因素。

1）自然因素

滑坡的发生与斜坡岩土体的性质密切相关。红黏土、泥岩、黄土等松软岩土体容易发生滑坡。

地质构造也是滑坡发生的重要因素之一。坡体上的岩石、土层及地裂缝等在雨水的冲刷下，也会发生滑坡。

滑坡的发生还必须具有一定的坡度条件。比如江河湖的斜坡、人为开挖的边坡等都容易发生滑坡。

降水同样是引发滑坡的重要因素之一。降水会改变斜坡地下水位，降低岩土体的抗剪强度，从而导致滑坡。据统计，由暴雨引发的滑坡占滑坡总数的 90% 左右。

2）人为因素

切坡开挖　　　　　　坡体加载和建设

砍伐植被　　　　　　矿山开采

🪣 切坡开挖。不合理的坡脚开挖，破坏斜坡的连续性，造成软弱面临空。

🪣 坡体加载和建设。破坏荷载平衡条件；工程和生活用水排放加剧水的不良作用。

🪣 砍伐植被和开垦耕种。破坏水系平衡，加剧水的动、静压力等不利作用。

🪣 水利工程建设。矿山开采、爆破等。

（3）滑坡易发期和易发地形

1）易发期

滑坡的发生主要与引发滑坡的各种外界因素有关，易发期包括：

🏺 暴雨和长时间连续降雨之后。

🏺 每年春季融雪期。

🏺 各类建筑施工开挖、爆破时或之后的一段时间。

🏺 强烈地震发生时或发生后。

🏺 水库蓄水、泄水之后以及河流洪峰期。

2）易发地形

易发生滑坡地区的基本地形地貌特征为山体众多、山势陡峻、土壤结构疏松、地形易积水、沟谷河流遍布于山体之中，与之相互切割，形成众多的具有足够滑动空间的斜坡体和切割面。滑坡的易发和多发地形包括：

🏺 河流、湖泊、水库等水体的岸坡地带。

🏺 地势落差大的沟谷地区。

🏺 山区的铁路、公路、工程建筑物、露天采矿场、排土场等地的边坡地段。

🏺 处于地质构造带（如断裂带、地震带）。通常地震烈度大于Ⅶ度的地区，坡度大于 25° 的坡体，在地震中极易发生滑坡。

🏠 暴雨多发区或异常的强降雨地区。

🏠 频繁进行工程建设的山地、丘陵地区。

（4）滑坡发生前兆

不同类型、不同性质、不同特点的滑坡，在滑动之前，一般都会有一些征兆。常见的有如下几种：

🏠 山坡出现横向及纵向放射状裂缝。大量裂缝的出现，说明山坡已处于危险状态。

🏠 滑坡体前缘出现有规则的纵张裂缝，这说明山坡已经处于非常危险状态。

🏠 滑坡体上出现大量的马刀树。

☺ 滑坡体上的树木歪斜，东倒西歪，这显示滑坡体已滑动解体。

☺ 建在斜坡上的多处房屋墙壁、地板出现明显拉裂，墙体歪斜。

☺ 滑坡体前缘坡脚堵塞多年的泉水（井水）突然涌出、坡体上水井水位突然变化等异动现象，说明滑坡体变形滑动强烈，可能发生整体滑动。

☺ 滑坡体前缘坡脚处，土体出现隆起（上凸）现象，这是滑坡体明显向前推挤的现象。

☺ 滑坡体后缘的裂缝急剧扩展，并从裂缝中冒出热气或冷风。

☺ 猪、鸡等动物惊恐不宁、不肯入睡，老鼠乱窜不进洞等。

（5）滑坡的危害

☺ 给工农业生产以及人民生命财产造成巨大损失。

🏮 发生在乡村的滑坡，常常会摧毁农田、房舍，伤害人畜，毁坏森林、道路、农业机械设施和水利水电设施等，有时甚至会给乡村造成毁灭性灾难。

🏮 发生在城镇的滑坡，常常会砸埋房屋，造成人畜伤亡，毁坏田地，摧毁工厂、学校、机关单位，并毁坏各种设施，造成停电、停水、停工，有时甚至毁灭整个城镇。

🏮 发生在工矿区的滑坡，可摧毁矿山设施，毁坏厂房，造成职工伤亡。

2. 泥石流

（1）泥石流的概念与特点

20　　　　泥石流是指山区沟谷中，受到由暴雨、冰雪融水或地震引起的溃坝等水源激发，形成的一种携带大量泥沙、石块等固体物质并具有破坏力的特殊洪流。2005—2021 年，我国共发生泥石流灾害 14 606 起，主要发生在我国的西北地区与西南地区。

泥石流灾害具有规模大、危害严重、活动频繁、危及面广且重复成灾的特点。

（2）泥石流发生原因

影响泥石流形成的因素众多且复杂，包括岩性构造、地形地貌、土层植被、水文条件、气候降雨以及人类的活动等，归纳起来可分为自然因素和人为因素。

1）自然因素

泥石流是泥、沙、石块与水体组合在一起并沿一定的沟床运（流）动的流动体，其发生必须同时具备三个基本条件：

🍱 陡峻的、便于集水集物的地形地貌。

🍱 丰富的松散固体物质。

🍱 短时间内有大量的水源，如突发性、持续性大暴雨或大量冰雪融水。

2）人为因素

🍱 滥伐林木、过度放牧、破坏植被、陡坡开荒等，破坏了地表径流的下垫面条件，加剧了水土流失，为泥石流的发生提供了水源条件。

🍱 在山区兴修交通、水利设施且随意开挖山体边坡等，造成山体失稳，为泥石流的发生提供了地形条件。

🍱 矿山开采时，人们随意丢弃废渣废料，为泥石流的发生提供了松散固体物质。

（3）泥石流易发期和易发地形

1）易发期

我国泥石流的发生主要是受连续降雨、暴雨，尤其是特大暴雨以及集中降雨的激发。因此，泥石流发生的时间规律与集中降雨时间规律相一致，具有明显的季节性。易发期包括：

这几天将有连续降雨，要当心泥石流啊……

🔖 多雨的夏秋季节。泥石流易发期因不同地区集中降雨期的差异而有所不同。四川、云南等西南地区的降雨多集中在 6—9 月，因此，西南地区的泥石流多发生在 6—9 月；而西北地区降雨多集中在 6—8 月，尤其是 7 月和 8 月降雨集中，降雨强度大，因此西北地区的泥石流多发生在 7 月和 8 月。据不完全统计，发生在这两个月的泥石流灾害约占该地区全部泥石流灾害的 90% 以上。

🪣 暴雨、洪水高发期。由于暴雨、洪水总是周期性出现，因此，泥石流的发生和发展也具有一定的周期性，且其活动周期与暴雨、洪水的活动周期大体一致。当暴雨、洪水两者的活动周期与季节性叠加时，常常形成泥石流活动的高潮。

🪣 一次降雨的高峰期，或是在连续降雨后。

2）易发地形

泥石流一般发生在半干旱山区或高原冰川区，这里的地形十分陡峭，泥沙、石块等堆积物较多，树木很少。一旦暴雨来临或冰川解冻，泥沙、石块吸收了足够的水分，便会顺着斜坡滑动，形成泥石流。我国有泥石流沟 1 万多条，大多数分布在西藏、四川、云南、甘肃四省，其中多是雨水泥石流，青藏高原则多是冰雪泥石流。

（4）泥石流发生前兆

🪣 河流突然断流或水势突然增大，并夹有较多杂草、树枝等。

🪣 沟谷上游突然传来异常轰鸣声，似火车振动或闷雷般轰鸣的声音。

23

☺ 沟谷深处突然变得昏暗，并伴有轻微振动感。

（5）泥石流的危害

在暴雨或持续降雨的作用下，泥石流往往突然爆发。泥石流的出现常常会对社会生产生活产生较大甚至毁灭性的损失。我国存在大量泥石流沟，这些区域容易出现大规模、高频率、高危害的泥石流。泥石流的危害主要包括：

☺ 对生活区的危害。泥石流可淤埋田地、乡村等，摧毁房屋、工厂及其他场所、设施，甚至造成村毁人亡。

🏺 对交通设施的危害。泥石流可埋没车站、铁路、公路，摧毁路基、桥涵等设施，致使交通中断，甚至涌入河流、淤堵河道，引起河道大幅度变迁，间接毁坏公路、铁路及其他构筑物，造成巨大经济损失。

　　🏺 对水利水电工程的危害。主要是冲毁水电站、引水渠道及工程建筑物，淤埋水电站尾水渠，并淤积水库、磨蚀坝面等。

　　🏺 对厂矿企业的危害。主要是摧毁矿山及其设施，淤埋矿山坑道、伤害矿山人员，造成企业停工停产，甚至使矿山报废。

3. 山体崩塌

（1）山体崩塌的概念与特点

　　山体崩塌是指处在悬崖、直立坡或高陡斜坡上的岩土体，在重力的长期作用下，突然失稳脱离母体，从坡体上直接滚落下来的现象。2005—2021年，我国共发生山体崩塌灾害65 197起，主要发生在我国的西北地区与西南地区。

　　山体崩塌具有下落速度快、发生突然，崩塌体脱离母体而运动，规模差异大，下落过程中崩塌体自身的整体性遭到破坏，崩塌物的垂直位移距离大于水平位移距离的特点。

（2）山体崩塌发生原因

引发山体崩塌的主要因素是暴雨、地震、人类工程活动等，分为自然因素和人为因素。

1）自然因素

☐ 地震

地震烈度在 V 度以下时一般不会引发山体崩塌，VI ~ VII度时会引发少量山体崩塌，VII度以上时常会引发大量山体崩塌。

☐ 气候

连续长时间降水及特大暴雨、雷击、冰雪融水、冰崩及雪崩等易引发山体崩塌。此外，温度变化对山体崩塌的发育有着一定的作用，温差（特别是日温差）大的地区，容易发生山体崩塌。

🏠 地表水和地下水

地表水流冲刷坡脚，或大量渗入高陡斜坡上的岩土体，地下水溶蚀或浸润软化结构面等，均易引发山体崩塌。

2）人为因素

🏠 人类经济活动。

🏠 人为开挖坡脚或削坡过陡。

🏠 地下采空，大爆破。

🏠 水库蓄水、引水、排水及渗漏等。

（3）崩塌易发期和易发地形

1）易发期

🏠 降雨过程中或稍微滞后。主要指特大暴雨、大暴雨、较长时间的连续降雨。

🏠 强烈地震过程中。主要指震级在6级以上的强震过程中，震中区（山区）通常有山体崩塌出现。

🏠 开挖坡脚过程中或滞后一段时间。因工程（或建筑场）施工开挖坡脚，破坏了上部岩土体的稳定性，常引发山体崩塌。山体崩塌有时发生在施工期间，以小型山体崩塌居多。较多的山体崩塌发生在施工之后一段时间内。

🪣 水库蓄水初期及水库水位的第一个高峰期。水库蓄水初期或水库水位的第一个高峰期，库岸岩土体首次浸没（软化），上部岩土体容易失稳，尤以在退水后产生山体崩塌的概率最大。

🪣 强烈的机械振动及大爆破之后。

2）易发地形

🔲 坡度大于 45° 且高差较大的边坡，或坡体成孤立山嘴，或为凹形陡坡。

🔲 曾经发生过山体崩塌的地方仍存在再次发生崩塌的危险。

🔲 坡体前部存在临空空间，或有崩塌物发育，可以判断出此处曾经发生过崩塌，今后还可能再次发生。

（4）山体崩塌发生前兆

快跑吧！这是山体崩塌的前兆！

听！这是什么声音……

🔲 崖下突然出现岩石压裂、挤出、脱落或射出，通常伴有岩石开裂或被剪切挤压的声响。

🛢 山体崩塌处的裂缝逐渐扩大，危岩体或陡山有掉块、坠落现象，小崩小塌不断发生。

🛢 岩石破裂，有异常气味。

🛢 出现地下水水质、水量异常等现象。

（5）山体崩塌的危害

🛢 山体崩塌会使建筑物、交通设施，甚至使整个居民点遭到毁坏。

🛢 山体崩塌有时还会使河流堵塞形成堰塞湖，将上游建筑物及农田淹没。在宽河谷中，由于山体崩塌会导致河流改道及改变河流性质，从而造成急湍地段。

4. 地面塌陷

(1) 地面塌陷的概念与特点

　　地面塌陷是指地表岩、土体在自然或人为因素作用下向下陷落，在地面形成塌陷坑（洞）的一种地质现象。2005—2021 年，我国共发生地面塌陷灾害 5 247 起，主要发生在我国的华北地区与中南地区。地面塌陷具有持续周期长、生成缓慢、成因复杂、影响范围广、防治困难等特点。

（2）地面塌陷发生原因

地面塌陷主要分为岩溶塌陷和采空塌陷，其形成的主要原因可分为自然因素和人为因素。前者是地表岩土体由于自然因素作用如地震震动、雨水向地下渗透、自重压力等，引起地面向下陷落；后者是由于人为作用如地下采矿、大量开采地下水等导致的地面塌落。具体因素如下：

1）自然因素

引起地面塌陷的自然因素主要有地震、降雨、火山活动、地应力变化及土体自然固结等。

2）人为因素

不合理的或强度过大的人为活动都有可能引发或导致地面塌陷。如开发利用地下流体资源（地下水、石油、天然气等）、开采固体矿产等工程建设会造成岩溶塌陷、软土地区的固结沉降等。

🏮 矿山地下采空。地下采矿（特别是采煤）活动会造成一定范围的采空区，使上方的岩土体失去支撑，从而导致地面塌陷。我国已有许多矿区发生了这类地面塌陷，影响到数百个村庄的正常生产和生活。

　　　过量抽采地下水。对地下水的过量抽采，使地下水水位降低，潜蚀作用加剧，岩土体平衡失调，如有地下洞隙存在，可产生地面塌陷。

　　🏠　矿坑、隧道、防空洞等地下工程中的疏干排水造成突水（突泥）。这类人为活动对岩溶地面塌陷所起的作用极大。我国许多矿区、铁路隧道中的岩溶地面塌陷均由这类活动所致。

　　🏠　人工蓄水。人工蓄水不仅在一定范围内会使水体荷载增加，还会使地下水水位上升，地下水的潜蚀、冲刷作用加剧，从而引起地面塌陷。

人工振动。爆破及车辆的振动作用也可使隐伏洞穴发育地区发生地面塌陷。

（3）地面塌陷易发期和易发区域

1）易发期

地面塌陷的易发期是夏季。夏季是农业灌溉用水最多的季节，也是人类工业生产和经济活动最为频繁的季节，会使用大量的地下水，因此夏季的沉降速率高。

地面塌陷发生概率旱季大于雨季。地面塌陷与地下水水位的变幅关系密切，雨季降水丰富，地表水补给地下水，因此地下水水位变幅小；而旱季降雨少，地表水补

给地下水少，如果旱季的地下水抽取量仍与雨季一致，那么必然导致地下水水位的急剧下降。可见，地面塌陷的发生概率旱季要大于雨季。

2）易发区域

根据岩溶发育程度、类型、地形地貌以及矿山规模种类及采矿方式和强度，将我国地面塌陷区域划分为高易发区、中易发区、低易发区，以下列举了我国地面塌陷高易发区。

🏺 济、徐、淮丘陵平原地面塌陷高易发区。包括莱芜、枣庄、泰安、临沂，豫东永城煤田，苏北徐州等。

🏺 晋中南地面塌陷高易发区。包括山西各类矿山的采空区，该地区以采空塌陷为主。

🏺 华南丘陵盆地地面塌陷高易发区。包括安徽和江苏境内的长江中下游沿江丘陵平原，浙江西部，湖北大冶、黄石、阳新、鄂州、通山、通城等市（县）。赣中地区平原盆地，湘中南、桂西、桂北和粤北丘陵盆地。该地区岩溶塌陷普遍发育并且严重，多达 3 330 处，主要分布于峰林平原及盆地中，由矿坑排水和抽取地下水引起。

🏺 渝东、鄂西山地地面塌陷高易发区。包括四川东部、重庆东北和东南部、鄂西地区。该区地面塌陷主要为岩溶塌陷，主要发生在灰岩、大理岩分布区。

云贵高原地面塌陷高易发区。包括云南东部，贵州六盘水、毕节、遵义等地的煤矿地区，贵阳、黔南等地的磷矿地区，遵义、铜仁等地的汞矿地区。该地区塌陷普遍，已发现约2 050处，塌陷坑超过25 000个，除自然塌陷外，多由抽水及水库蓄水引起。

（4）地面塌陷发生前兆

井、泉的异常变化。如井、泉的突然干枯，水位骤然降落，水色突然混浊和翻砂、冒气。

地面变形。如地面出现环状裂缝并不断扩展，产生局部的地鼓或下沉现象。

🏠 建筑物发出声响、倾斜、开裂。

🏠 地面积水出现气泡、水泡、旋流现象。

🏠 植物状态改变（颜色、生命状况）、动物惊恐。可听见地下土层的垮落声。

（5）地面塌陷的危害

🏠 毁坏房屋等建筑物，人民生活受到影响。

🏠 毁坏铁路、公路、矿山、水库、堤防等工程设施。

🏠 破坏农田等土地资源，使大量耕地被毁，造成人员伤亡。

三、常见地质灾害防御及应急避险措施

Changjian Dizhi Zaihai Fangyu
Ji Yingji Bixian Cuoshi

常见地质灾害防御及应急避险措施

1. 滑坡的防御及应急避险措施
2. 泥石流的防御及应急避险措施
3. 山体崩塌的防御及应急避险措施
4. 地面塌陷的防御及应急避险措施

1. 滑坡的防御及应急避险措施

（1）滑坡的防御

🛎 注意收看天气预报和地质灾害气象预警，尤其是降雨情况。

🛎 雨季出行前要了解目的地和沿途的天气状况，尽量避免暴雨或连续阴雨天前往山区旅行。

🛎 野外露宿时，避开陡峭的悬崖和沟壑，避开植被稀少以及非常潮湿的山坡。一定不要在已出现裂缝的山坡下宿营，更不要在山底宿营。

雨季在山区驾车长途旅行时，应注意：

🏠 要提前备好食品、饮用水、燃料、照明灯具、雨具、简易挖掘工具、绳索和常用药等，以备急需。

🏠 当遇暴雨时，车辆要尽量靠道路外侧行驶，避免山体滑坡砸伤车辆。发现前方公路边坡有异动迹象，比如滚石、溜土、路面泥流漫流、树木歪斜或倾倒等，应立即减速或停车观察。判断滑坡可能威胁自身车辆安全时，应尽快避让。

🏠 切记不要在余震多发期进入滑坡多发区。

在日常生产生活中，应注意：

🏠 选择安全场地修建房屋。村庄的选址是否安全，应通过专门的地质灾害危险性评估来确定。在村庄规划建

必须避开可能遭受滑坡危害的地段。

设过程中合理利用土地，居民住宅和学校等重要建筑物，必须避开危险性评估指出的可能遭受滑坡危害的地段。

🏠 不要随意开挖坡脚。在建房、修路、整地、挖砂采石、取土过程中，不能随意开挖坡脚，特别是不要在房前屋后随意开挖坡脚。

🏠 不随意在斜坡上堆放土石。对采矿、采石、修路、挖塘过程中产生的废弃土石，不能随意顺坡堆放，特别是不能堆放在房屋的上方斜坡地段。当废弃土石量较大时，必须设置专门的堆放场地。较理想的处理方法是：把废弃土石堆放与整地造田结合起来，使废弃土石得到合理利用。

（2）滑坡应急避险措施

🏠 发生滑坡时，要保持冷静，迅速观察周围情况，撤离到较安全的地段。撤离时，应沿着垂直于滚石或滑坡体滑动的方向撤离，可以利用衣物把头裹住，以保护头部。切忌不要向滑坡体上方或下方撤离。

🏠 避灾场地应选择在坡缓且地面土石完整稳定、无流水冲刷的地段。千万不要将避灾场地选择在滑坡的上坡或下坡，以及由松散土石构成的陡坡或者悬岩下。

🏠 当遇到高速滑坡，如滑坡呈整体滑动，已经来不及撤离时，可就近抱住身边大树等固定物体，提高生还的概率。

🚽 当无法逃离时，还可以躲在结实的障碍物下，特别记住要保护好头部。

🚽 行驶时遭遇滑坡，应采取必要措施迅速撤离到安全地点。滑坡停止后，如遇被滑坡毁坏比较严重的地段，机动车无法通过时，应原路返回，找到能够提供补给的地方，再考虑改走其他路线。若出现两头断路，要有计划地使用食品、饮用水和燃料，等待救援。

🚽 若行驶至隧道内遭遇山体滑坡时，应驶入就近的紧急停车带或靠右安全停车，及时打开危险警示灯，避免

后车追尾。隧道内一般每隔 250 米会设置连接左右洞的通道，在特别紧急情况下，可以尝试通过另一条隧道撤离。

    🗑 不要贪恋财物，切忌闯入已经发生滑坡的地区寻找个人物品。

    🗑 不要在滑坡危险期未过就返回发生滑坡的地区居住，以免滑坡再次发生。

2. 泥石流的防御及应急避险措施

（1）泥石流的防御

雨季去山区游玩前，一定要事先注意当地气象部门发布的天气预报。不要在暴雨或连续阴雨天进入沟谷，以免遭遇泥石流。

在沟谷突遇大雨时，要迅速转移到安全的高地。注意观察周围环境，特别留意远处山谷是否传来闷雷般轰鸣声，如听到要高度警惕，这很可能是泥石流发生的前兆。

下次一定要提前看好天气预报。

还好咱们及时跑到了高地。

🗑 野外露营时，要选择平整的高地作为营地，如较高的基岩台地、低缓山梁等。切忌在沟床岸边，较低的阶地、台地及坡脚，河道拐弯处的下游端边缘扎营。

🗑 雨季不要在沟谷中长时间停留。当发现河（沟）床中正常流水突然断流或水势突然增大并夹有较多的杂草、树枝等，或听到上游传来异常声响，应迅速向两岸上坡方向撤离。

快跑！水势突然增大了，还夹有很多树枝。这是泥石流发生的前兆！

47

🗑 暴雨停止后，不要急于返回沟谷内住地，应等待一段时间。

🏳 如果有关部门已发出洪水泥石流的预警，应立即按规定的疏散路线，迅速撤离危险区，到安全地点躲避。

如果阴雨天在山区驾车时，应注意：

🏳 观察周围环境，如听到闷雷般的轰鸣声或火车行进的振动声，即使极其微弱，也要高度警惕，放慢车速，选择安全地点停车避让，因为这很可能是泥石流将至的征兆。

🏳 不要在沟谷底部路段停留，要选择平缓开阔的高地停车观察，不要将车停在有大量松散土石堆积的山坡下面或者松散填土路坡上。

对于居住在泥石流高发区的居民，应注意：

🏳 雨季要多注意听屋外任何异常的声音，如树木被冲倒、石头碰撞的声音。

🏳 离沟道较近的居民要注意观察沟水流动的情况，如沟水突然断流或突然变得十分混浊。如有上述异常情况出现，就可能意味着泥石流将要发生或已经发生。此时一定要设法从房屋里跑到开阔地带，防止被埋压。

（2）泥石流应急避险措施

当泥石流发生时，必须遵循泥石流运动的特点，迅速采取自救措施：

　　👄　若处于泥石流沟道中或堆积扇上，应迅速向沟谷两侧山坡或高地跑，切记不要向上游或下游方向跑，因为泥石流流动的速度比人跑动的速度快。同时注意不要跑到泥石流可能直接冲击的山坡上。

　　👄　不要爬到树上躲避，因泥石流不同于一般洪水，它可扫除沿途一切障碍。

　　👄　不要向地势空旷、树木稀疏的地方逃生，应就近选择树木密集的地带撤离，因为密集的树木可以阻挡泥石流的前进。情况紧急或无法继续撤离时，可就近抱住身边

49

的树木等固定物体，待流速减缓或停止后，再寻找机会撤离。

🛑 不要躲在有滚石和大量堆积物的陡峭山坡下方，可以选择到平整安全的高地躲避。

🛑 遇到暴雨引发的泥石流时，不要向土层较厚的地带撤离，要向地质坚硬、不易被雨水冲毁的、没有碎石的岩石地带撤离。

🛑 当驾车途中遭遇泥石流，不要躲在车上，否则易被掩埋在车内。车内人员需要第一时间弃车撤离。

😀 撤离时，应丢弃一切影响奔跑速度的物品。

😀 尽快与有关部门取得联系，报告自己的方位和险情，积极寻求救援。

3. 山体崩塌的防御及应急避险措施

（1）山体崩塌的防御

🪣 雨季，切忌在危岩附近停留，不能在凹形陡坡、危岩突出的地方避雨、休息和穿行，更不能攀登危岩。

🪣 人们在选择去沟谷郊游时，一定要提前查询当地天气预报，避免在暴雨或连续阴雨天进入沟谷。尽量选择平整的高地作为营地。

明天就要去山里露营了，快收拾东西吧。

天气预报说明天山里有暴雨，我们还是改天再去吧。

🪣 暴雨过后，虽然天气转晴，但在5~7天内仍有可能发生山体崩塌，因此，虽然山体崩塌没有发生，也不要在天气刚刚转晴时就立即去沟谷旅游。

🔱 行人与车辆不要进入或通过有禁止标志的滑坡、山体崩塌危险区。经过危险路段时，要留意警示标志，快速通过，不要停留。

🔱 由于地震可能会引起坡体晃动，破坏坡体平衡，从而引发山体崩塌，一般烈度大于Ⅶ度的地震都会引发大量山体崩塌。因此，在发生地震时，要做好山体崩塌的应对措施。

🔱 容易产生滑坡的地带也是山体崩塌的易发区。因此，对于滑坡易发区，也要做好山体崩塌发生的准备。

（2）山体崩塌应急避险措施

🔱 如果遇到陡崖掉土、石块，应绕行。

🔱 处于崩塌体下方时，应迅速向两侧撤离。感觉地面振动时，应立即向两侧稳定地区撤离。

🔱 若无法及时撤离，应在附近的地沟或陡坎下躲避。

🔱 驾车时遭遇山体崩塌不要惊慌，应注意观察，迅速离开有斜坡的路段。因山体崩塌造成交通堵塞时，应听从交通指挥，及时接受疏散指挥。

4. 地面塌陷的防御及应急避险措施

（1）地面塌陷的防御

🛎 如果在驾车时发现路面异常，一定不要驾车驶离，因为车辆的极大压力很可能造成大面积的地面塌陷。驾驶员应当及时下车并向地面塌陷中心的反方向撤离。

🛎 居住在因采矿形成的采空区的居民，在雨季要注意房屋后地面有无显著变形、裂缝等迹象；注意暴雨时地表水是否有大量、快速渗入地下等现象。如发现异常，应立即撤离并通知有关部门，不要冒险停留在原地。

（2）地面塌陷应急避险措施

🛎 地面出现塌陷时与发生地震时的地面现象较为相似，一定要保持冷静，不要盲目乱跑，应立即大声呼告周围人群，提醒人们注意安全，并立刻反方向撤离异常路面。

🛎 地面塌陷发生后，对邻近建筑物的塌陷坑应及时填堵，以免影响建筑物的稳定。

🛎 建筑物附近的地裂缝应及时填堵，并拦截地表水防止其注入地面的塌陷坑。

🛎 若落入塌陷坑内，要双手抱头，双臂护脸，下蹲抱团，脸藏双膝之间为自己保留最大限度的呼吸空间，小心移动身体，以防更大塌陷物砸落。

    🛡 若汽车落入塌陷区内，待汽车静止后，迅速解开安全带，破窗逃离。

四、典型案例

Dianxing Anli

典型案例

1. 四川省阿坝州金川县卡拉脚乡四处泥石流灾害成功避险

2. 湖南省保靖县比耳镇双福村1组泥石流灾害成功避险

3. 广西壮族自治区荔浦市马岭镇同善村滑坡灾害成功避险

4. 贵州三都县拉揽村高寨滑坡灾害成功避险

5. 四川省巴中市通江县青浴乡文昌村山体崩塌灾害成功避险

1.四川省阿坝州金川县卡拉脚乡四处泥石流灾害成功避险

2019年6月23—27日，四川省阿坝州金川县多地受持续暴雨影响，发生泥石流灾害。6月23日0时05分，金川县卡拉脚乡玛目都沟、色隆沟冲出泥石流约40.5万立方米，造成农房被掩埋，羊圈和酒厂房屋被冲毁，交通、电力、通信完全中断，直接经济损失299万元。6月27日22时45分，金川县曾达乡曾达沟冲出泥石流约

大家不要慌，按照安全路线有序撤离。

150万立方米，造成农房受损149户、农田受灾550亩、通乡通村道路损毁17.5千米、桥梁损毁17座，交通、电力、通信全部中断。而在灾害发生前，6月22日16时14分，金川县将省、州地质灾害黄色预警信息通过QQ群、微信群、短信平台、电话通知等方式发布至各乡镇防灾责任人。同时，金川县自动化实时监测系统滚动发布了27条预警信息，该信息直接传递给隐患点所在乡乡长及分管副乡长、国土员、监测责任人和监测员。接到预警信息后，卡拉脚乡色隆沟监测员、玛目都沟监测员通知受威胁群众及时撤离。23时，在场监测员发现沟水上涨较快，达平时3~4倍，随即发生泥石流。

成功经验：在应急避险过程中，所有收到预警信息的受威胁群众并没有慌乱，而是听从当地监测员和干部的指挥，按照预先规划好的安全路线，离开沟道、河谷地带，有秩序地向两侧山坡上转移。在泥石流发生过程中，监测员在基底稳固又较为平缓的地方暂停观察，选择远离泥石流经过地段停留避险，成功避开泥石流地质灾害，避免了174户680人因灾伤亡。

专家提醒：预警信息发布及时，监测措施到位、提前避让果断、防灾机制运转高效是提升基层防灾能力的必然要求和可靠保障。

2.湖南省保靖县比耳镇双福村1组泥石流灾害成功避险

2021年5月2日，当地遭遇极端连续特大暴雨。5月3日13时15分，辅警带领监测员在该村巡查隐患点时发现，村民住房旁边水沟里的水流量增大，而且在隐患点危险区外一处长期无人居住的房屋地面出现渗水，屋坎下泥土松动下滑。根据参加避险演练学到的知识，他们意识到这里随时可能发生灾害，当下通知受威胁的村民转移到安全区域。看到险情不断发展，他们一边大声催促村民们撤离，一边上报信息，请求村应急队员赶来救援。13时29分左右，岩土体瞬间滑下，携带土石洪流冲进了两户村民家中。由于及时发现迹象、预判风险、避险撤离，未造成人员伤亡。

成功经验：一是当地政府组织"以村为主"的避险演练，不断优化完善防灾预案，使其更具操作性；二是巡查人员认真负责，发现险情能及时判断是否撤离；三是村民有风险意识与避险方法，能做到迅速撤离；四是应急队伍及时可靠，排危除险救助有保障。

专家提醒：在地质灾害高易发区的防灾减灾中，宣传、教育、培训、演练是低成本、高收益的防灾方式。

3. 广西壮族自治区荔浦市马岭镇同善村
滑坡灾害成功避险

　　2020年6月7日9时30分，广西壮族自治区地质环境监测站与桂林市自然资源局会商，将荔浦市地质灾害气象预警提升为橙色预警。桂林市组织地质灾害监测员对全市地质灾害隐患点加强巡查监测。荔浦市马岭镇同善村潘厂屯滑坡隐患点为登记在册的监测点。10时，监测员

对该滑坡隐患点进行巡查监测，发现滑坡体前缘有小崩塌并冒浑水，随即向马岭镇人民政府报告。马岭镇人民政府立即启动预案，同善村党支部书记通过大喇叭和敲锣等方式，立即通知群众撤离，同时号召党员骨干帮助群众，及时组织 128 户 591 人撤离。13 时，该屯后山 500 米范围山坡发生滑坡，滑坡总规模约 30 万立方米，造成部分村民房屋损坏，但无人员伤亡。

成功经验：一是专业安全人员科学组织撤离。安全人员组织处于滑坡体后缘的群众，用最快的速度向山坡两侧稳定地区撤离。而对于处于滑坡体中部暂时无法撤离的群众，安全人员就近找一些坡度较缓且与房屋、电线杆等距离较远的开阔地供其停留。而对于处在滑坡体前缘的群众，安全人员组织他们迅速向两边撤离。二是对灾害隐患点加强巡查监测，并及时制定应急预案。

专家提醒：动员专业技术力量和隐患点周边群众开展无死角、全覆盖的隐患排查，掌握"隐患在哪里，灾害什么时候可能发生"的监测预警方法，提前监测并及时制定应急预案，在出现险情时，第一时间启动应急预案、采取有力防范措施，是成功避险的关键。

4.贵州三都县拉揽村高寨滑坡灾害成功避险

　　2021年6月20日4时30分许，贵州省黔南布依族苗族自治州三都县拉揽村高寨2、3、4、6组后山发生滑坡，滑坡规模约5万立方米，造成几十栋房屋损毁，涉及54户250人。由于村组干部及时组织群众转移避险，无一人伤亡。

房屋被毁了几十间，还好人员都撤离出来了……

2021年6月，三都县连续强降雨。其间，自然资源、气象、应急、水务、公安等部门协调联动，形成防范应对合力，在中高易发区，利用卫星遥感合成孔径雷达技术手段识别隐患的同时，发动乡镇干部、村委会及广大群众，积极参与巡查排查，探索点面结合风险双控方式，提升了应对灾害险情的效率。灾害发生前，一线干部群众发现隐患区有群发灾害趋势，及时组织高风险区人员避险。灾害发生后，滑坡区顶部仍有约8 000立方米残留松散堆积体，滑坡堆积区前缘约有3万立方米堆积体，为防止发生二次滑坡伤害，又对可能影响范围内的人员进行了有序撤离。

成功经验：一是基层干部群众主动参与识灾避险培训，具备较强的风险意识，他们成为了隐患排查信息员、紧急避险"吹哨人"，不仅扩大发现危险的视野，还在实践中形成预警—响应闭环，成为地质灾害第一响应人。二是在地质灾害的中高易发区，利用卫星遥感合成孔径雷达技术手段识别隐患。

专家提醒：推进"人防＋技防"灾害监测系统建设，坚持群防群治，运用科技防灾，是有效提升防灾避险能力的重要手段。

5. 四川省巴中市通江县青浴乡文昌村 山体崩塌灾害成功避险

2019 年 9 月 17 日 16 时 20 分，四川省通江县青浴乡文昌村青龙嘴铺子里的危岩体出现持续掉块现象，存在山体崩塌的可能。乡政府接到报告后，立即组织受威胁群众转移，并设置警戒线和警示标志。20 时 40 分，铺子里的危岩体发生山体崩塌。这次避险成功避免了 22 户 88 人因灾伤亡。

成功经验：本次山体崩塌能够成功避险一是监测及时。当地地质灾害监测员首先发现了危岩体持续掉块的现象。二是及时采取避险措施。对于可能受灾的地区，当地一些身处山体崩塌影响范围外的群众，纷纷主动绕行，而处于崩塌体下方的群众则迅速向两侧撤离。在山体崩塌即将发生时，离崩塌区较远的一些村民也感觉到了地面震动，随后他们立刻向两侧地形平缓地带撤离。在山体崩塌发生后，受灾群众也没有立即返回灾区搜寻财物，而是听从安全人员的劝导，待确认安全之后才有序返回，最终成功避险。

专家提醒：山体崩塌发生时，如果身处山体崩塌影响范围外，一定要绕行；如果处于崩塌体下方，只能迅速向两侧撤离，如果感觉地面震动，也应立即向两侧稳定地带撤离。